BEI GRIN MACHT SICH IHR WISSEN BEZAHLT

- Wir veröffentlichen Ihre Hausarbeit,
  Bachelor- und Masterarbeit

- Ihr eigenes eBook und Buch -
  weltweit in allen wichtigen Shops

- Verdienen Sie an jedem Verkauf

Jetzt bei www.GRIN.com hochladen
und kostenlos publizieren

Bibliografische Information der Deutschen Nationalbibliothek:

Die Deutsche Bibliothek verzeichnet diese Publikation in der Deutschen National-
bibliografie; detaillierte bibliografische Daten sind im Internet über http://dnb.d-
nb.de/ abrufbar.

Impressum:

Copyright © 2013 GRIN Verlag, Open Publishing GmbH
Druck und Bindung: Books on Demand GmbH, Norderstedt Germany
ISBN: 9783668323728

Dieses Buch bei GRIN:

http://www.grin.com/de/e-book/342298/vom-korn-zum-brot-theoretische-grundla-
gen-reflexionen-und-unterrichtsvorschlaege

Janet Schua

Vom Korn zum Brot. Theoretische Grundlagen, Reflexionen und Unterrichtsvorschläge zum Thema Getreide

GRIN Verlag

Seminar: Ernährungsbildung in der GS

Semester: WS 2013/14

Vom Korn zum Brot –
Theoretische Grundlagen, Reflexionen und Unterrichts-
vorschläge zum Thema Getreide

Janet Schua

Grundschullehramt PO 2011

Fächer: Biologie/Deutsch KB: Kunst/Musik

Semester 5

Abgabedatum: 17.03.2014

Inhaltsverzeichnis

Einleitung

„Kinder sind keine kleinen Erwachsenen. Das betrifft besonders die Ernährung. In keiner Phase des Lebens ist eine gesunde Ernährung so wichtig wie in der Kindheit." [1]

Ernährungsgewohnheiten und Essverhalten gehört zu den beständigsten Verhaltensweisen des Menschen. Die Prägung hierfür findet bereits in den ersten Lebensjahren statt, indem Kleinkinder sich an ihren Eltern, Gleichaltrigen oder Menschen in ihrem direkten Umfeld orientieren und Erfahrungen und Beobachtungen in ihrer Lebenswelt nachahmen. Daher ist es von großer Bedeutung, den Kindern ein gesundes Essverhalten vorzuleben, sie darin einzubeziehen und ihnen eine positive Vorbildfunktion zu geben. Neben den direkten Bezugspersonen der Kinder spielen hierbei auch Erzieher/innen und Lehrkräfte eine entscheidende Rolle, wenn es um die Ernährungserziehung im Kindesalter geht.

Ein wichtiger Grundbaustein für eine nährstoffreiche Ernährung bilden hochwertige Getreideprodukte. Sie stellen ein weltweites Grundnahrungsmittel dar und sind sogleich der bedeutendste Energielieferant für den menschlichen Körper. Doch obwohl Kinder Getreideprodukte in verschiedensten Variationen verzehren, hat die Mehrzahl der Kinder kaum Kenntnisse über die Bedeutung, Verarbeitung und Verwendung dieses wertvollen Rohstoffes gesammelt. Dies führt dazu, dass die volle Nährstoffvielfalt und Wirkkraft des Getreides häufig nicht vollständig ausgeschöpft wird. Dabei sind die im Getreide enthaltenen Nährstoffe in vielen Bereichen von großer Wirkkraft: Sie unterstützen das Wachstum des Kindes, sorgen für Wohlbefinden und einen ausgeglichenen Nährstoffhaushalt und können sogar die schulische Leistung positiv beeinflussen.

Daraus abgeleitet besteht umso mehr die Notwendigkeit, das Themengebiet „Getreide und Brot" in den schulischen Unterricht zu integrieren und die Kinder über die vielfältige Bedeutung des Rohstoffes aufzuklären. Die folgende Seminararbeit wird daher davon handeln, die Tragweite von Getreide in der Ernährung des Kindes darzustellen und Möglichkeiten zu liefern, die Thematik im schulischen und außerschulischen Umfeld

---

[1] Alexy, U.; Kersting, M.: Was Kinder essen – und was sie essen sollten. 1999, S.7, zitiert nach: Herzing, M.: Lernen geht durch den Magen – Wie Ernährung die geistige Leistungsfähigkeit unserer Kinder beeinflusst, Marburg, S.15.

aufzugreifen. Hierfür werde ich zunächst einige theoretische Grundlagen bezüglich der Morphologie und inneren Substanz der Getreidepflanze nennen. Der Schwerpunkt liegt hierbei auf der Bedeutung des Nährstoffgehalts des Korns. Anschließend werde ich einige wissenschaftliche Fakten bezüglich des Getreideverzehrs von Kindern und Jugendlichen nennen und anschließend auf die empfohlenen Ernährungsmengen eingehen. Daraufhin werde ich die Relevanz der im Getreide enthaltenen Nährstoffe für die kognitive Leistung aufzeigen und Anhaltspunkte zur optimalen Nährstoffverteilung nennen. Der theoretische Teil wird mit einer kritischen Analyse bestimmter Produkte und Inhaltstoffe, sowie Angaben zu Unverträglichkeiten, abschließen. Thematisch wird es anschließend mit einer Reflexion meines eigenen Ernährungsverhaltens weitergehen, anknüpfend an meine persönlichen Beobachtungen und Erfahrungen bezüglich dem Ernährungsverhalten von Kindern. Im dritten Themenblock widme ich mich verschiedenen Umsetzungsmöglichkeiten für den Unterricht in der Schule, gehe aber auch auf eine Reihe außerschulischer Lernorte zum Thema „Getreide und Brot" ein. Im Anhang befinden sich eine Sammlung geeigneter Unterrichts- und Informationsmaterialien.

1. Theoretische Aspekte zu Korn und Getreide

1.1 Botanische Grundlagen

Hinter dem Sammelbegriff *Getreide* (von Ceres: Göttin des Ackerbaus und Fruchtbarkeit) verbirgt sich eine Vielzahl an Kulturpflanzen, die unter anderem als Viehfutter, menschliches Nahrungsmittel und biologisch erneuerbare Energien ihre Verwendung finden. Unter dem botanischen Aspekt werden die echten Getreidearten der Familie der Süßgräser zugeordnet und weisen daher einen nahezu identischen Habitus auf: die einjährigen oder einjährig überwinternden Gewächse kennzeichnen eine lange, runde Sprossachse, die durch mehrere Blattscheiden unterteilt ist. Der blütetragende Sprossabschnitt wird durch eine Ähre (Weize,. Roggen) oder eine Rispe (Hafer, Reis) dargestellt. Diese sind weiterhin in kleinere Einzelblüten, den Ährchen, aufgeteilt. Aufgrund der Zwittrigkeit der Blütenstände kommt es zu einer Autogamie oder Windbestäubung, lediglich der Mais ist zweihäusig.

Zu den bevorzugt angebauten Getreidesorten gehören der Weizen, Roggen, Gerste, Mais, Reis, Hirse und Hafer. Dinkel, Emmer und Einkorn weisen einen geringeren Ertrag auf und werden daher sekundär und vorrangig von biologischen Betrieben angebaut. Nicht verwechseln sollte man die echten Getreidearten mit den sogenannten Pseudogetreiden, wie dem immer beliebter werdenden Amarant, Quinoa und Buchweizen, die jedoch als Getreideersatzmittel in der Nahrungsherstellung verwendet werden können.[2]

Ursprünglich stammen die Getreidepflanzen aus regenarmen und sonnenreichen asiatischen Gebieten. Erst vor rund 8000 Jahren begannen europäische Völker im Mittelmeerraum Ackerbau zu betreiben und prägten somit ganze Landstriche und die menschliche Zivilisation Europas.[3]

1.2 Kornaufbau und Nährstoffe der Kornbestandteile

Getreideerzeugnisse bilden das wichtigste Grundnahrungsmittel und stellen einen bedeutenden Energielieferanten für den Menschen dar. Dies liegt an dem im Inneren des Korns verborgenen hohen Nähr- und Vitalstoffgehalt, der lebenswichtige Kohlenhydrate, Eiweiße, Fette, Mineralstoffe, Vitamine und Spurenelemente liefert. Das Geheimnis liegt im Aufbau des Getreidekorns versteckt, wodurch die Nährstoffe langfristig gespeichert werden können. Dennoch enthalten nicht alle Getreideprodukte diese wertvollen Bestandteile, wodurch die Nährwerte und der gesundheitliche Wert der Endprodukte stark schwanken können. Um dies nachvollziehen zu können, ist es notwendig, die innere Systematik eines Getreidekorns zu kennen: Hauptbestandteil eines Korns sind der Mehlkörper, der den Großteil des Korngewichts ausmacht, der inne liegende Keim und die schützende Schale. Die Zellen des Mehlkörpers sind vollgepackt mit Kohlenhydraten, Stärke und Eiweiß.[4] Um das Speichergewebe und direkt unter der äußeren Samenschale befindet sich eine Aleuronschicht. Die Endospermzellen des Aleuron enthalten wertvolle Eiweiße, Fette, Mineralstoffe, Ballaststoffe und Vitamine der B-Gruppe.[5] Auch die äußere Frucht- oder Samenschale enthält Mineralstoffe, Ballaststoffe und B-Vitamine. Häufig befindet sich ein zusätzlicher schützender Spelz um das Korn herum. Der wertvollste und nährstoffreichste Teil des Korns bildet jedoch der Keim. In ihm befindet sich eine Vielzahl an notwendigen Bestandteilen, wie Eiweiß, Fett, Vitamine, Kalium, Phosphor, Eisen, Fluor und Magnesium. Bei der Verarbeitung des Korns zu

---

[2] Vgl. Gebauer, M.: Das Korn von dem die Menschheit lebt. In: Grundschule Sachunterricht 49, 2011, S.4.
[3] Vgl. Jenny, M.; Steinecke, H.; Bayer, C.: Korn. Brot, Getreide, Gräser. 2002, S.40ff.
[4] Vgl. Gebauer, S.5.
[5] Vgl. Aufhammer, W.: Rohstoff Getreide, 2003, S.40f., sowie: Vollmer, G.; Josst, G.; Schenker, D. et al.: Lebensmittelführer 1, 1995, S.153.

einem Vollkornprodukt enthält auch das Endprodukt diese wertvollen Inhaltsstoffe. Anders bei der Erzeugung von Weißmehlprodukten: hier werden sowohl Keimling, als auch die umhüllenden Schichten entfernt.[6] Einen Hinweis auf den Nährstoffgehalt von Mehl können Verbraucher durch die Typezahl des jeweiligen Mehls erhalten. Denn je höher der Ausmahlgrad eines Mehls, desto dunkler und mehr Kornbestandteile enthält das Mehl. So enthält ein typisches Roggenbrot einen Type von 1370 oder 1740, das typische Weizen-Haushaltsmehl nur den Type 405.[7]

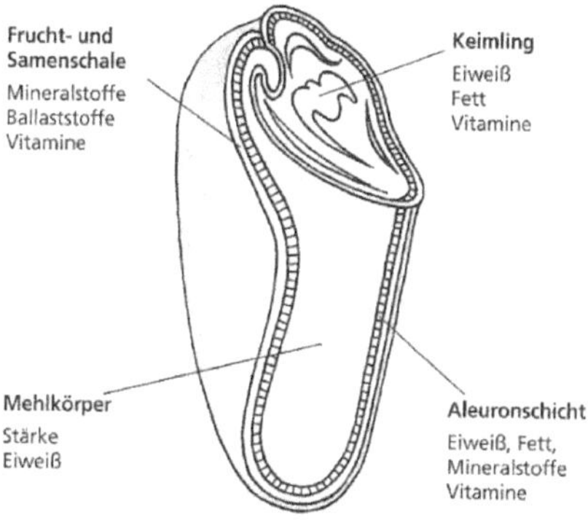

Abb. 1: Korn im Längsschnitt

2. Der Stellenwert von Getreideprodukten in der Ernährung von Kindern

2.1 Tägliches Verzehrverhalten von Brot und Getreideprodukten

Die Zwischenergebnisse der DONALD-Studie, eine offene Langzeit-Kohorten-Studie, aus dem Jahr 2004 zeigten, dass der Verzehr von Brot und Getreideprodukten, wie z.B. Müsli, in allen Altersgruppen (4-18 Jahre) weit unter den Empfehlungen liegt. Besonders der Anteil von Vollkornbrot sei besonders gering, bei den weiblichen Probandinnen aber dennoch höher als bei den männlichen Teilnehmern. Überraschenderweise wurde im Rahmen der Studie, anhand von Geschmacktests, jedoch festgestellt, dass Kinder und Jugendliche Weißbrot einem Vollkornbrot nicht vorziehen, solange das Brot aus einer feinen, nicht körnigen, Substanz

---

[6] Vgl. Gebauer, S.5.
[7] Vgl. Jenny; Steinecke; Bayer, S.62ff.

besteht.[8] Die Verantwortlichen der DONALD-Studie nannten daher als notwenige Verbesserungspunkt den Verzehr von mehr Vollkornprodukten und einer Reduzierung der Nahrungsaufnahme von Weißbrot, Produkten aus hellem Mehl und Nudeln.[9]

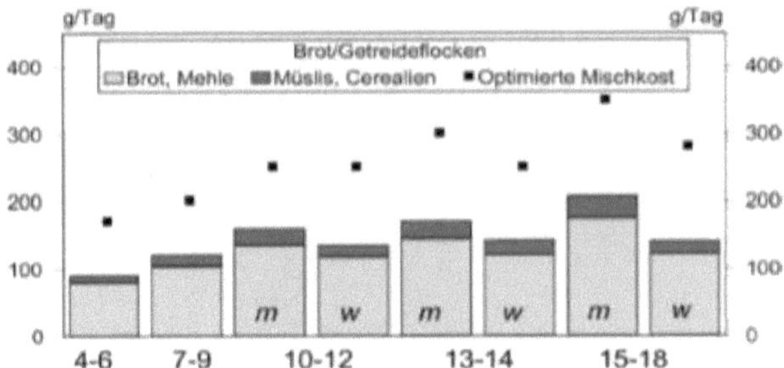

Abb.2: Verzehr von Brot und Getreideflocken bei 4-18 Jährigen Probanden der DONALD-Studie

Zu einem ähnlichen negativ ausfallenden Ergebnis kam auch die ESKIMO-Studie aus dem Jahr 2006, die ebenfalls die Ernährungsgewohnheiten von 6-17 Jährigen Kindern und Jugendlichen untersuchte. Es stellte sich heraus, dass die wichtigsten Kohlenhydratlieferanten, wie Brot, Getreide, Mehl und Müsli, nicht in gewünschter Dosis verzehrt werden. Besonders Kinder im Alter zwischen 6 und 11 Jahren liegen deutlich unter der empfohlenen Menge.[10]

2.2 Ernährungsempfehlungen

Spielen, Herumtoben, Rennen und Wachsen – Kinder, gerade im Grundschulalter, benötigen viel Energie. Soviel Energie, dass die Menge an benötigten Nährstoffen im Verhältnis zu deren Körpergewicht die eines Erwachsenen übersteigt.[11] Besonders Kohlenhydrate, Fette und Eiweiße spielen bei der Nährstoffaufnahme von Kindern eine wichtige Rolle, indem sie dem Körper die notwendige Energie in Form von Kalorien liefern. Darüber hinaus sind Mineralstoffe, wie Phospohor und Kalzium, für den Aufbau von Knochen nötig, Eisen für die Blutbildung und Kalium, Magnesium und Natrium kommt eine bedeutende Rolle innerhalb der Zellflüssigkeit zu. Nicht zu vergessen sind Vitamine und Ballaststoffe, die für den nötigen

---

[8] Kersting, M.: Kinderernährung in Deutschland. Ergebnisse der DONALD-Studie, 2004, S.216, abgerufen am 03.03.2014.

[9] Vgl. Alexy, U.; Kersting, M.: Die DONALD-Studie. Forschung zur Verbesserung der Kinderernährung, in: Ernährungsumschau 1,2008, S.19, abgerufen am 04.03.2014.

[10] Vgl. Herzing, S.46

[11] Vgl. Herzing , S.15

Antrieb des Körpers und eine erfolgreiche Krankheitsabwehr sorgen. Ein Großteil dieser benötigten Nährstoffe finden sich im Korn des Getreides wieder (siehe 1.2), weshalb eine kohlenhydratreiche Ernährung durch Getreide, in Form von Müsli, Brot, Reis und Nudeln, direkt nach dem Verzehr von Getränken, den Sockel der empfohlenen Nahrungspyramide bildet.[12]

Wieviel ein Kind täglich an getreidehaltiger Nahrung zu sich nehmen sollte, hängt von dem Alter und dem davon abhängigen Energiebedarf zusammen. Die Menge eines Grundschulkindes im Alter zwischen 7 und 12 Jahren entspricht daher 200-250g pro Tag. Umgerechnet bedeutet das vier Portionen Getreideprodukte pro Tag, wobei eine Portion etwa einer Handvoll entspricht.[13]

Anhaltswerte für altersgemäße Lebensmittelmengen pro Tag						
Alter	Jahre	1	2 - 3	4 - 6	7 - 9	10 - 12
Energie	(kcal/Tag)	950	1100	1450	1800	2150
Reichlich:						
Getränke	ml/Tag	600	700	800	900	1000
Brot, Getreide (-flocken)	g/Tag	80	120	170	200	250
Kartoffeln[1]	g/Tag	120	140	180	220	270
Gemüse	g/Tag	120	150	200	220	250
Obst	g/Tag	120	150	200	220	250

Abb. 3: Tägliche Lebensmittelmengen für Kindergarten- und Schulkinder

3. Die Relevanz von getreidehaltiger Ernährung für die kognitive Leistung

Die Frage nach dem Zusammenhang zwischen der Ernährung von Kindern und der kognitiven Gehirnleistung stellt einen aktuellen Forschungsschwerpunkt in der Ernährungs- und Gehirnforschung dar. Im Zuge dessen konnte eine Reihe an Untersuchungen feststellen, dass sogenannte „Brainfoods" tatsächlich die Gedächtnisleistung und die Konzentration positiv beeinflussen. Die volle Ausschöpfung des geistigen Potenzials spielt vor allem für Schulkinder eine große Rolle, da gerade sie hohen Anforderungen in puncto Merkfähigkeit und der

---

[12] Vgl. Spot: So geht's – Radieschen, Apfel, Knusperkeks – Ernährungserziehung im Kindergarten: Ein Sonderheft von: Kindergarten heute – Fachzeitschrift für Erziehung, Bildung, und Betreuung von Kindern, 2008, S.6f.
[13] Vgl. Laimighofer, Astrid: Schlaue Kinder essen richtig. Fit für die Schule: Clevere Ernährung für gute Noten, 2010, S.15f.

Wiedergabe von Gelerntem gestellt sind. Der Grund für den engen Zusammenhang zwischen der Leistungsfähigkeit und Ernährungsweise wird durch die Betrachtung des Energieverbrauchs und dem prozentualen Anteils des Gehirns in Relation zum Körpergewicht deutlich. Das Gehirn eines Menschen verbraucht rund 20% der Energie, die der Körper durch Verstoffwechselung der ihm zugeführten Nahrung gewinnt, obwohl es nur 1/50 des gesamten Körpergewichts eines Menschen wiegt.[14]

3.1 Kraftstoffe für das Gehirn

Der wichtigste Energielieferant für das Gehirn bilden die Kohlenhydrate, vor allem komplexe Kohlenhydrate, auch Mehrfachzucker genannt. Doch nicht alle Kohlenhydrate wirken gleichermaßen auf den Blutzuckerspiegel, weshalb in erster Linie Kohlenhydrate mit einem niedrigen glykämischen Index optimale Energieträger für das Gehirn darstellen. Nur durch sie steigt der Blutzuckerspiegel langsam an und bleibt über einen längeren Zeitraum konstant. Schwankt der Blutzuckerspiegel zu stark, z.B. durch eine unregelmäßige Kohlenhydrataufnahme, kommt es zu Erschöpfung und Schwindel. Daher sind in erster Linie Lebensmittel mit komplexen Kohlenhydraten, wie Vollkornprodukte, wichtige Energiequellen und führen zu einer Steigerung der Gehirnleistung. Ebenso wichtig sind aber auch Aminosäuren aus Eiweißen, bzw. Proteinen, sowie Fette, Vitamine und Mineralstoffe.[15] So benötigt das Gehirn Aminosäuren um Neurotransmitter herzustellen, die für die Übertragung in den Nervenzellen zuständig sind und mehrfach ungesättigte Fettsäuren als „Gerüst- und Schmiermittelfunktion"[16] im Gehirn.[17] Auch Vitamine, Spurenelemente und Mineralstoffe sind für den Körper unerlässlich. Besonders B-Vitamine, Vitamin E und C sind für die Gehirnfunktion notwendig.[18]

3.2 Optimale Nährstoffverteilung

Neben der Auswahl optimaler Lebensmittel spielt darüber hinaus der Zeitpunkt der Nahrungsaufnahme eine wichtige Rolle für den Lernerfolg von Kindern. Da das Gehirn nicht auf andere Energiequellen zurückgreifen kann, muss es ausreichend mit Energie versorgt werden und zwar regelmäßig und zum richtig Zeitpunkt. Veranschaulicht wird der

---

[14] Vgl. Herzing, S.101.
[15] Vgl. Laimighofer, S.25.
[16] Ebd., S.39.
[17] Vgl. Herzing, S.106.
[18] Vgl. Leimighofer, S.43.

Zusammenhang zwischen der Nahrungsaufnahme und dem Leistungsvermögen durch eine Leistungskurve. Sie zeigt, dass im Laufe des Tages das Leistungsvermögen schwankt und nicht konstant verläuft, wobei ausreichende Mahlzeiten eine gewisse Balance in den Schwankungen herstellen.[19]

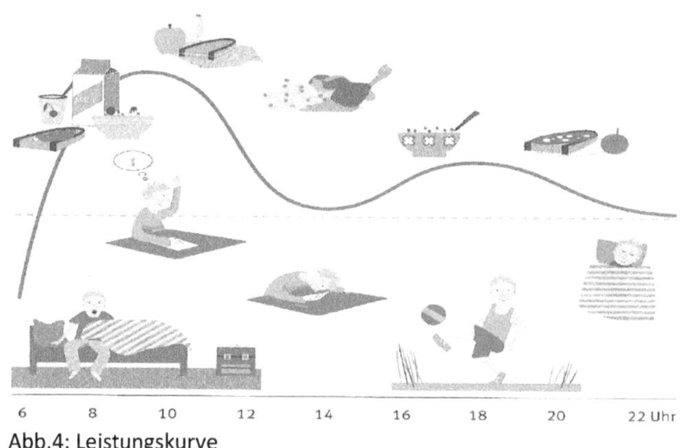

Abb.4: Leistungskurve

Um die leeren Energiereserven am Morgen aufzufüllen, benötigt der Körper ein reichliches Frühstück als Grundlage für den Tag. Getreideprodukte, Obst und Milchprodukte sind dabei wesentliche Komponente um das Gehirn und den Stoffwechsel in Schwung zu bringen. Das zweite Frühstück oder Pausenbrot gibt dem Körper einen erneuten Kick und sorgt dafür, dass die Leistungskurve weiter ansteigt. Auch diese Zwischenmahlzeit sollte reich an Kohlenhydraten sein. Ebenso optimal sind an dieser Stelle Getreideprodukte und Obst. Ein Tief nach dem Mittagessen ist unausweichlich, dennoch kann dieses durch ein leichtes Mittagessen gepuffert werden. Zwischen Mittag- und Abendessen hilft ein gesunder Snack die Zeit zu überbrücken bis abends schließlich wieder kohlenhydratbetonte Nahrung, wie Brot und Gebäck, den Tag abrundet.[20]

4. Kritische Getreideprodukte und Unverträglichkeiten

4.1 Cornflakes, Zimties, Smacks und Co.

---

[19] Vgl. Kindergarten heute, S.6.
[20] Vgl. Leimighofer, S.73f.

Sogenannte *Kinderlebensmittel* oder *besonders für Kinder geeignete Lebensmittel* eroberten in den letzten Jahren den Lebensmittelmarkt und lassen viele Verbraucher suggerieren, dass es sich bei diesen Produkten um gesunde und nährreiche Zwischenmahlzeiten handelt. Oft sind diese Produkte mit, speziell an Kinder gerichteter, Werbung verbunden und locken mit kindgerechten Verpackungen und Spielzeug oder Sammelbildern als Gratis-Beigabe. Im Jahr 2001 gab es bereits 244 verschiedener *Kinderlebensmittel*, darunter bevorzugt auch Frühstückscerealien. Sie gehören jedoch zu den am stärksten behandelten Lebensmitteln für Kinder.[21] Dies zeigt ein Blick auf die Zusammensetzung von Cerealien: Mehl, Wasser, Aromen, zahlreiche Vitamine und Mineralstoffe, sowie bis zu 40% Zucker. Es kommt zudem hinzu, dass fast alle Frühstückcerealien für Kinder nicht aus Vollkorn hergestellt werden und daher nicht die benötigten Nährstoffe liefern, die Kinder vormittags in der Schule benötigen. Wirft man einen Blick auf die Statistik, verzehrt jedes Kind jedoch rund 2kg der gesüßten Getreidespeise. Im Gegensatz dazu erreicht der Verzehr von Müslimischungen aus Haferflocken nur 0,8kg pro Kind im Jahr. Der Grund für die Beliebtheit des ungesunden Frühstücks liegt in erster Linie an dem hohen Zuckeranteil, der die Geschmacksnerven der jungen Verbrecher besonders anspricht. Doch auch die angereicherten Vitamine und Mineralstoffe sind bei weitem kein Garant für eine gesunde Ernährung, da Kinder dadurch etwa dreimal mehr an Vitaminen und Mineralstoffen zu sich nehmen, als ihr Körper eigentlich benötigt.[22] Empfehlenswerter als Cerealien speziell für Kinder sind daher ein zuckerfreies Müsli mit Joghurt oder Milch, dazu frisches Obst für die nötige Süße.[23]

4.2 Zöliakie und Verdauungsprobleme

Getreideprodukte können dem Körper eines Kindes jedoch nicht immer nur Energie und Wohlbefinden liefern. Kinder, die von klein auf, Produkte aus Vollkorn verzehren haben selten Probleme mit der Verdauung. Wird ein Kind erst spät mit dem ungewohnt dunklen und körnigen Produkt konfrontiert, stößt man mitunter auf Ablehnung seitens des Kindes. Aber auch die Verdauung kann unangenehm auf das neue Produkt abseits der Ernährungsgewohnheit reagieren und mit starken Blähungen auf das ungewohnte

---

[21] Vgl. Herzing, S.70ff.
[22] Vgl. Neumann, B.: Getreide in der Ernährung. In: Grundschule Sachunterricht 49, 2011, S.13.
[23] Vgl. Herzing, S.72.

Lebensmittel antworten. Durch kleine Portionierung der Vollkornprodukte und langsame Steigerung der Menge gewöhnt sich der Magen jedoch bald an die Ernährungsumstellung.[24]

Weitaus riskanter ist der Verzehr von Getreideprodukten allerdings bei an Zöliakie erkrankten Kindern, allgemein bekannt unter Glutenunverträglichkeit. Aufgrund einer im Dünndarm veränderten Schleimhaut vertragen die Betroffenen keine Eiweiße aus Roggen, Gerste, Weizen und Dinkel und dürfen daher nur glutenfreie Produkte zu sich nehmen. Eine Alternative bieten Erzeugnisse aus Mais, Reis, Hirse und Buchweizen.[25]

5. Vollkornbrot oder das dunkle Grauen - Mein persönliches Ernährungsverhalten

Ähnlich wie die meisten Kinder habe auch ich Vollkornbrote strikt abgelehnt. Alle Versuche meiner Mutter, mir nahrhafte Brote schmackhaft zu machen scheiterten, auch die Pausenbrote landeten dementsprechend meistens heimlich im Mülleimer statt in meinem Magen. Hatte ich vergessen die Borte rechtzeitig in der Schule oder auf dem nach Hause weg zu entsorgen, versteckte ich sie auch regelmäßig im Garten unserer Hauses, denn die Vesperbox voll mit nach Hause zu bringen bedeutete regemäßig Ärger und Diskussionen. Hatte ich wirklich großen Hunger, aß ich ausnahmsweise das Brot auf – bis auf die Kruste, die wollte mir überhaupt nicht schmecken.

15 Jahre später hat sich daran leider nicht viel geändert. Nach dem Motte *Was das Hänschen nicht lernt, lernt Hans nimmermehr* sind auch heute Vollkornprodukte ein Tabu-Thema für mich. Sowohl fein gemahlen, als auch mit Körner garniert, mag die dunkle Brotspeise einfach nicht schmecken. Viel lieber esse ich Weizenbrötchen und Laugenbrötchen, jedoch mit dem Hintergedanken, meiner Ernährung nichts Gutes zu tun. Warum ich dieses Essverhalten entwickelt habe, ist meiner Mutter ein Rätsel. Schließlich hatte sie schon sehr früh versucht, mich an Vollkornprodukte hinzuführen, hat es mit Alternativen wie Mischbrot, Dinkelbrot und Co. probiert und mir dies bezüglich eine gesunde Ernährung vorgelebt.

---

[24] Vgl. Plitzko, U.; Tenberge-Weber, U.; Walter, A.: Bärenstarke Kinderkost, 2002, S.21.
[25] Vgl. Vollmer, G.; Josst, G.; Schenker, D. et al., S.166.

Trotz meiner Ablehnung gegenüber Vollkornprodukten versuche ich mich möglichst gesund zu ernähren. Ich esse viel Obst und Gemüse, meide Fast-Food und verzichte auf Fleisch. Daher landen jedoch des Öfteren Gerichte aus Couscous, Hirse oder Quinoa auf meinem Teller. Meistens gibt es derartige Gerichte zum Abendessen, da ich aufgrund meines Tagesablaufs häufig nicht zum Mittagessen komme oder nur sehr unregelmäßig esse, die Kost in der Mensa trägt ihr Übriges dazu bei. So geschieht es, dass ich ohnehin sehr selten ein richtiges Abendbrot verzehre. Müsli hingegen esse ich sehr gerne, bevorzugt ein Früchte-Müsli mit Haferflocken. Jedoch bleibe ich auch hier meiner Ernährungsweise treu, da die Haferflocken aus Weizenvollkorn- und Hafervollkornflocken bestehen.

Ich hoffe jedoch, dass ich irgendwann doch noch auf den Geschmack von dunklem Vollkornbrot komme, gerade weil man als Lehrerin auch in Puncto Ernährung eine Vorbildfunktion darstellt und gesunde Ernährung eigentlich ein großes Thema für mich ist. Aber wer weiß, als Kind hätte ich mich am liebsten im meinem Zimmer versteckt, wenn meine Mutter Spinat kochte; inzwischen *liebe* ich Spinat.

6. Kinder mögen gesunde Ernährung – theoretisch!
Meine Erfahrungen mit Kindern und deren Getreideverzehr

Jedes Kind hat unterschiedliche Vorlieben und Abneigungen. Nichtsdestotrotz erhält man häufig identische Antworten, wenn man nach den Lieblingsgerichten von Kindern frägt: Pizza, Pommes und Spagetti. Bei den weniger beliebten Nahrungsmitteln verhält es sich ähnlich: Pilze, Spinat und jegliches Gemüse sind auf der Liste der unbeliebten Gerichte ganz weit oben. Bekanntermaßen bleibt es jedoch meist nicht ein Leben lang bei den gleichen ungeliebten Produkten. Eine Regel lautet, dass ein Kind ein Gericht oder eine Gemüseart etwa 15-mal gegessen haben muss, bis sein Geschmack sich daran gewöhnt hat. Doch wie verhält es sich mit Getreideprodukten? Allgemein geht man davon aus, dass Kinder hauptsächlich mit den Augen essen, die Konsistenz eine große Rolle spielt und sie einen anderen Geschmackssinn vorweisen als Erwachsene.[26] Ob das nun von Vor- oder von Nachteil für den Verzehr von Getreideprodukten ist, habe ich versucht herauszufinden, indem ich mir die

---

[26] Kindergarten heute, S.10.

Ernährungsgewohnheiten von zwei Kindern aus dem Bekanntenkreis näher angeschaut und dies mit meinen bisherigen Vorkenntnissen und persönlichen Erfahrungen abgeglichen habe.

6.1 Fallbeispiel: Finn

Finn ist 6 Jahre alt und besucht ab diesen Sommer die Grundschule. Bis er drei Jahre alt war, lehnte er jegliche Getreideprodukte komplett ab, außer das von Papa angerichtete Müsli. Nachdem er in den Kindergarten kam und er auch dort zunehmend mit Getreideprodukten konfrontiert wurde und die Essensgewohnheiten seiner Freunde mitbekam, begann Finn schließlich verschiedene Getreideprodukte zu verzehren. Inzwischen isst Finn sowohl Weizen- als auch Roggenbrot, möchte diese aber dennoch nicht jeden Tag essen. Wichtig ist ihm dabei, dass die Nahrung optisch ansprechend aussieht. Produkte die Finn komplett ablehnt, sind z.B. Knäckebrot und unbehandelte Haferflocken. Geröstete Getreideprodukte, wie Knuspercerealien sind dagegen Finns Favoriten wenn es um seine Frühstücksgewohnheiten geht. Typische „Kinderprodukte" stehen eher selten auf seinem Speiseplan und werden nur „ausnahmsweise" gekauft. Finn fühlt sich zwar von Werbung angesprochen, die speziell an Kinder gerichtete Produkte anpreisen, doch besteht kein dringlicher Wunsch, diese Produkte zu verzehren. Im Großen und Ganzen ist Finns Mutter mit seiner derzeitigen Ernährung zufrieden, möchte aber den Verzehr von gesunden Getreideprodukten weiter steigern.

6.2 Fallbeispiel: Lena

Lena ist erst vor kurzem 6 Jahre geworden und geht noch in den Kindergarten. Ihre junge Mutter erzählte mir, dass sie Lena bereits früh an Getreideprodukte herangeführt hat. Bei der Auswahl der Produkte lasse sie sich oft von der Werbung verführen und kauft ihrem Kind auch das, was die Werbung als empfehlenswert verspricht. Dabei achtet sie aber darauf, dass die Produkte qualitativ hochwertig, bzw. teuer, sind. Am liebsten isst Lena zum Frühstück Produkte von Kelloggs, vor allem Cerealien mit Schokolade. Zum Abendessen isst Lena am liebsten Brötchen und fein gemahlene Brote. Körnerprodukte und dunkle Brotsorten lehnt sie jedoch ab. Oft bekommt Lena dann auch das, was sie möchte, weil ihre Mutter keine Lust auf lange Diskussionen hat. Bezüglich der Zubereitung legt Lena Wert auf das Aussehen der Produkte und die Gestaltung der Mahlzeit. Liebevoll angerichtete Mahlzeiten, wie bereits belegte Schnittchen, werden eher gegessen.

6.3 Zusammenfassung und Bewertung

Die Betrachtung von Finn und Lena zeigte drei zu erwartende Übereinstimmungen: Kinder essen in erster Linie mit den Augen, sowohl Erwachsene, als auch Kinder fühlen sich durch Werbung angesprochen und süße, knusprige Cerealien sind das beliebteste Produkt zum Frühstück. Diese Ernährungsvorlieben habe ich auch bezüglich anderen Nahrungsmitteln bereits feststellen können. Ähnlich wie mit Getreideprodukten verhält es sich oft mit Obst und Gemüse. Auch hier spielt die optische Darbietung und äußere Erscheinung eine große Rolle. Der Einfluss der Werbung verwundert mich ebenso wenig. Beachtet man, dass etwa ein Drittel aller Werbung Lebensmittel anpreist, so ist es nicht überraschend, dass diese ihre Wirkung zeigt. Ein bevorzugt beworbenes Produkt stellen Cerealien dar. Auch diese sind bei vielen Kindern fester Bestandteil des Frühstücks. Wie sich zeigte und ich aus meiner eigenen Erfahrung weiß, essen Kinder hierbei am liebsten bearbeitete Getreideprodukt, wie z.B. die Produkte von Kelloggs oder andere Cerealien, die ein aufregendes Geschmackserlebnis versprechen. Bezüglich bestimmten Getreidesorten konnte ich kein eindeutiges Ergebnis feststellen. Ein Blick in die Brotboxen der Schüler in meinem Praktikum zeigte jedoch, dass die meisten Kinder fertige Backwaren vom Bäcker, wie Schokohörnchen, bevorzugen. Außerdem werden herzhaft belegte Weizenbrötchen mit Wurst oder Käse häufig gegessen. Ich konnte aber auch feststellen, dass viele Eltern zusätzlich zum Pausenbrot etwas geschnittenes Obst oder Gemüse beilegen, um den Pausensnack gesünder zu gestalten.

7. Umsetzungsmöglichkeiten in der Unterrichtspraxis

Den Kindern ein positives Essverhalten geben, sie zu verantwortungsvollen und bewussten Konsumenten zu erziehen und sie mit der Esskultur vertraut zu machen – all das sind Aufgaben und Ziele der Ernährungserziehung in der Grundschule. Dabei soll es in erster Linie nicht darum gehen, den Kindern mit dem moralischen Zeigefinger auf Kalorien und ungesunde Ernährung hinzuweisen, sondern ihnen mit allen Sinnen die Vielfalt der Ernährung darzustellen. Es geht darum, dass die Kinder aktiv entdecken und experimentieren, Lebensmittel riechen, schmecken und fühlen. Dazu gehört z.B. gemeinsam ein Gericht oder ein Frühstück zuzubereiten, innere Zusammenhänge und Wirkungsweisen durch Experimente deutlich zu machen, die Herkunft und die Herstellung von Getreideprodukten nachvollziehen zu können und theoretische Grundlagen und Kenntnisse zu erwerben. In folgendem habe ich einige Möglichkeiten zusammengestellt, wie den Kindern das Thema „Vom Korn zum Brot" im Unterricht vermittelt werden kann, immer hinter dem Aspekt, die Kinder aktiv einzubeziehen und sie handelnd und entdeckend eigene Erfahrungen sammeln zu lassen.

7.1 Gemeinsames Schulfrühstück

Ein ausgewogenes und regelmäßiges Frühstück ist die Grundlage für einen guten Start in den Schultag. Doch bei vielen Schulkindern kommt ein gemeinsames Frühstück mit der Familie zu kurz, sei es aufgrund der Berufstätigkeit der Eltern, Zeitmangel oder Bequemlichkeit. Durch den Rückgang der gemeinsamen Mahlzeiten wird es den Kindern erschwert, sich gesund und ausgewogen zu ernähren und Esskultur, sowie die Struktur von Mahlzeiten zu erleben. Daher bietet ein gemeinsames Schulfrühstück eine geeignete Gelegenheit, den Verzehr von nahrhaften Produkten, vor allem hochwertigen Getreideprodukten, zu fördern. Die Umsetzung des Schulfrühstücks kann dabei variieren: eine Möglichkeit wäre, ein großes Schulfrühstück im Zusammenhang mit einem Projekt zu veranstalten, denkbar wäre aber auch ein wöchentlich gemeinsames Schulfrühstück. Es wäre zudem möglich, das Frühstück auf alle Klassenstufen auszuweiten, sodass die gesamte Schule gemeinsam teilnimmt, die Umsetzung kann aber auch Klassenintern stattfinden. Inwieweit die Eltern mit einbezogen werden, ist ebenfalls frei wählbar, allerdings könnte hierbei die Berufstätigkeit vieler Eltern problematisch sein.

Am geeignetsten halte ich die Variante, dass jedes Kind ein Bestandteil des Frühstücks mit in die Schule bringt und gemeinsam in der Klasse die Produkte verarbeitet werden. Die Komponenten eines gesunden Frühstücks müssen dafür im Voraus behandelt worden sein. Für ein erfolgreiches gelingen ist eine genaue Verteilung der mitzubringenden Produkte ratsam, wobei ein Elternbrief hierbei hilfreich sein kann. Am Tag des gemeinsamen Frühstücks bereiten die Kinder schließlich in Gruppen die verschiedenen Komponenten zu. In folgendem habe ich einige Ideen aufgelistet, die die Kinder mit wenig Aufwand selber herstellen können:

- Früchtespieße (z.B. aus Apfel, Birne, Banane, Kiwi usw.)
- Erdbeerquark oder Fruchtjoghurt aus eigener Herstellung
- Knabbergemüse zum Belegen der Brote oder mit Dip
- Zebrabrote aus Pumpernickel und Frischkäse
- Brötchen-Frösche (Rezept siehe Anhang:)

- Müsli aus Haferflocken und frischen Früchten mit Milch
- Als Getränke: Wasser, Tee, verdünnter Saft

<u>Didaktische Ziele und zu vermittelnde Kompetenzen</u>

Ein gemeinsames Frühstück kann auf vielen Ebenen Kompetenzen vermitteln. Neben der grundlegenden Vermittlung eines gesunden Ernährungsverhaltens, sind während der Produktion des Frühstücks vor allem motorische Fähigkeiten gefragt. Schneiden, Raspeln und Rühren tragen dazu bei, die motorischen Fähigkeiten der Kinder zu schulen und helfen, die eigene Wahrnehmung des Körpers zu verbessern. Gleichzeitig wird während des gesamten Frühstücks, sei es bei der Herstellung, dem Essen oder auch dem gemeinsamen Aufräumen, die Sozialkompetenz der Kinder gefördert. Bei allen Arbeitsschritten ist Teamwork gefragt, wobei auch die Kommunikation und das Wir-Gefühl im Zentrum stehen. Letztendlich vermittelt das gemeinsame Essen die Grundlagen der Esskultur, indem die Schüler lernen zu teilen und Rücksicht zu nehmen.

7.2 Do it yourself: Getreideprodukte selbst herstellen

Um Stress zu vermeiden oder aus Zeitmangel beziehen viele Eltern ihre Kinder nicht in die Entstehung der Gerichte mit ein, sondern servieren ihnen das fertige Endprodukt. Dabei sind Kinder schon früh daran interessiert, den Entstehungsprozess mitzuerleben und selber „Hand an zu legen". Dieses natürliche Interesse der Kinder gilt es daher auszunutzen, denn nur so erlernen Kinder den Umgang mit Lebensmitteln, deren Zubereitung, Verwendungen und den verantwortungsvollen Umgang mit verschiedenen Küchengeräten.[27] Es bietet sich darum umso mehr an, im Rahmen der Ernährungserziehung in der Schule Gerichte gemeinsam mit den Kindern selber herzustellen und anschließend gemeinsam zu verzehren. Gerade das Themengebiet „Getreide" bietet hierbei eine breite Palette an Köstlichkeiten, die schnell und einfach von Kinderhand hergestellt werden können. Voraussetzung ist natürlich, dass die Schule mit den benötigten Räumlichkeiten und Gerätschaften ausgestattet ist und die Kinder mit den Regeln und dem Umgang mit Küchengeräten bei der Nahrungsherstellung vertraut sind. In folgendem werden drei Ideen aufgegriffen und deren Umsetzung knapp beschrieben.

---

[27] Vgl. Plitzko, U.; Tenberge-Weber, U.; Walter, A., S.71.

7.2.1 Haferflocken

Die platten Haferkörner stellen einen perfekten Energielieferant dar, da sie die Nährstoffe enthalten, die den süßen Knuspercerealien erst zugesetzt werden müssen. Der Proteingehalt von Haferflocken entspricht nahezu dem Bedarf von Kindern und liefert darüber hinaus 50% der täglich benötigten ungesättigten Fettsäuren. Ein weiteres Plus ist die langanhaltende Sättigung durch einen Kohlenhydratanteil von 60%. Dennoch sind die zuckerfreien Haferflocken bei Kindern wenig beliebt.[28] Eine Möglichkeit, den Kindern den gesunden Frückstückssnack näher zu bringen, ist die eigene Herstellung von Haferflocken. Hierfür benötigt man lediglich einen Mörser mit Stößel oder eine Flockenquetsche. Die Anwendung ist unkompliziert und kann von den Kindern selbst bedient werden. Nach der Zubereitung kann ein Vergleich zwischen den gekauften, maschinell, erzeugten Flocken erfolgen, aber auch der Verzehr des selbst erstellten Müslis sollte natürlich Bestandteil der Unterrichtseinheit sein.[29] Ein geeignetes Arbeitsblatt zum Thema befindet sich im Anhang (siehe Abb. I).

7.2.2 Individuelle Brötchen

Brötchen und Brot gehört zu den Grundnahrungsmitteln aller Kinder, doch die wenigsten haben schon einmal selbst derartiges gebacken. Dabei ist die Zubereitung kinderleicht und lässt Raum für individuelle Geschmackswünsche. Hierfür stellt man den Kindern verschiedene Mehle (z.B. Roggenmehl, Dinkelmehl, Weizenmehl usw.) zur Verfügung und lässt sie hiermit ihre eigene Brotmischung erstellen. Das Grundrezept für Brötchen befindet sich im Anhang (siehe Abb. II). Zusätzlich bietet es sich an, verschiedene Zutaten zum Bestreuen anzubieten, wie z.B. Mohn oder Sonnenblumenkerne. Nach dem Backen werden die persönlich gestalteten Brötchen natürlich verzehrt, wobei sich ein selbst hergestellter Aufstrich (kann während der Backzeit hergestellt werden) dazu anbietet.

7.2.3 Vollkornwaffeln

Kinder lieben süße Speisen und das soll und kann man ihnen auch nicht verbieten. Doch es gibt Varianten, die beliebten Süßspeisen der Kinder etwas abzuändern um daraus eine vollwertige Mahlzeit herzustellen und somit den Kindern die Scheu vor dunkleren Getreideprodukten zu nehmen. Eine Idee wäre die Herstellung von Vollkornwaffeln. Die

---

[28] Vgl. Neumann, S.12.
[29] Vgl. Neumann., S.15.

Herstellung erfolgt genauso wie die herkömmlichen Waffeln, jedoch wird das feine Weizenmehl durch Vollkornmehl ersetzt. Ein Rezept hierfür befindet sich im Anhang (siehe Abb. III).

<u>Didaktische Ziele und zu vermittelnde Kompetenzen</u>

Auch hier geht es um die Vermittlung einer gesunden Ernährungsweise, gleichzeitig aber auch um die Erfahrung, Nahrungsmittel selber herzustellen und so Einblick in deren Entstehungsprozess zu gewinnen. Die Kinder erleben hierbei ein Erfolgserlebnis, indem sie selbst zum Entstehen des Endprodukts beigetragen. Dies führt dazu, dass das Selbstbewusstsein und die Handlungskompetenz der Kinder gestärkt werden. Während dem Entstehungsprozess lernen die Kinder alle ihre Sinne einzusetzen. So trainieren sie beim Kneten, Rühren und Zerstoßen ihre Feinmotorik, beim Abschmecken wird der Geschmackssinn geschult. Aber auch wichtige mathematische Kompetenzen wie das Messen von Zutaten und das Abschätzen von Mengen werden hierbei aktiv erworben.

7.3 Für kleine Entdecker: Experimentieren

Betrachtet man die Verarbeitung und Zubereitung von Lebensmitteln unter dem Aspekt der Naturwissenschaft, spielen dabei in erster Linie verschiedene physikalische und chemische Naturphänomene eine entscheidende Rolle. Dies macht es nötig, den Lernort Küche auch als ein Ort des Experimentierens zu nutzen. Die Küche als *Labor* ermöglicht dabei den Kindern über spannende Experimente naturwissenschaftliche Verknüpfungen zu entdecken und zu verstehen. Die hierbei gewonnenen Erkenntnisse dienen dazu, das Bewusstsein für Nahrungsmittel zu stärken und helfen dabei, die nötigen Kompetenzen für die Praxis zu erwerben. Die Notwendigkeit des Experimentierens wird seit der Reform im Jahr 2004 sogar in den Bildungsplänen verankert und bildet damit ein verpflichtender Bestandteil im Fächerverbund *Mensch-Natur-Kultur.*

Für ein gelungenes und sicheres Experimentieren ist es Voraussetzung, dass die Kinder die Regeln kennen und einhalten können und mit den Sicherheitsaspekten vertraut sind. Gleichzeitig muss die wissenschaftliche Vorgehensweise des Experimentierens verankert sein.[30]

---

[30] Vgl. Ministerium für Ländlichen Raum und Verbraucherschutz Baden-Württemberg: Die Küche als Lernort für naturwissenschaftliche Erfahrungen. Ein Handbuch für das Klassenzimmer, 2013, S.5ff.

7.3.1 Der Geist in der Flasche

Ob Brötchen oder Kuchen, bei keinem Backrezept ist Backpulver wegzudenken. Doch warum ist das weiße Pulver so wichtig und was bewirkt es? Eine Frage die auch ich mir gestellt habe, als ich meine ersten Backversuche als Kind getätigt habe. Daher halte ich das Experiment „Geist in der Flasche" aus der Reihe der Beki-Experimente für besonders sinnvoll und möchte dieses in folgendem genauer vorstellen.

<u>Durchführung</u>

Hintergrund des Experiments ist es, die chemische Teiglockerung durch Backpulver anhand eines Luftballons und Säure deutlich zu machen. Benötigt werden hierzu 1 Flasche, 1 Trichter, 1 Luftballon, 1 Päckchen Backpulver und 50 ml Essig. Zunächst füllen die Kinder mit Hilfe des Trichters das Backpulver in den Luftballon und geben den Essig in die Flasche. Anschließend wird der Luftballon vorsichtig über den Flaschenrand gestülpt. Damit sich das Bachpulver mit dem Essig mischt, wird der Luftballon nach oben gehoben. Nachdem Backpulver und Essig in Berührung gekommen sind, entfaltet das Backpulver seine Triebkraft und der Luftballon beginnt sich langsam zu füllen und wird aufgeblasen. Um die Reaktion zu verstärken, kann die Flasche zusätzlich leicht geschüttelt werden.

<u>Erklärung</u>

Durch die Reaktion des Backpulvers mit der Säure kam es zur Freisetzung von Kohlendioxid, welches den Luftballon aufblasen lies. Dieses entsteht als Produkt bei der Reaktion von Essigsäure mit Natriumhydrogencarbonat, einem Hauptbestandteil des Backpulvers. Das gleiche Prinzip wird bei der Herstellung von Backmitteln benutzt. Durch die Freisetzung des Kohlendioxids wird der Teig aufgelockert, gestartet wird die Reaktion durch die Feuchtigkeit im Teig.

<u>Weiterführende Unterrichtsinhalte</u>

Im Anschluss an das Experiment bietet es sich an, ein passendes Rezept zuzubereiten um die Erkenntnisse zu vertiefen. Möglich wäre z.B. das Backen von Brötchen.[31]

---

[31] Vgl. Ministerium für Ländlichen Raum und Verbraucherschutz Baden-Württemberg, S.73ff.

<u>Bewertung des Experiments</u>

Das Experiment zeigt mit wenigen Hilfsmitteln sehr anschaulich die Wirkung von Backtriebmitteln. Durch den geringen Aufwand und die einfache Experimentgestaltung können die Kinder das Experiment selber durchführen, eine Demonstration durch den Lehrer ist nicht notwendig. Durch die Mengenangaben wird zudem vorausgesetzt, dass die Reliabilität des Experiments gegeben ist. Durch das Aufblasen des Luftballons wie „von Geisterhand" werden die Kinder ins Staunen versetzt und zum Nachdenken angeregt.

7.3.2 Wie kommen die Löcher ins Brot?

„Da hat der Bäcker drin geschlafen!" erklärten mir meine Eltern, wenn ich auf ein besonders großes Loch in meinem Brötchen oder Brot gestoßen war. Die spannende Frage, wie wirklich die kleinen und großen Löcher im Brot entstehen, kann mit folgendem Experiment anschaulich verdeutlicht werden.

<u>Durchführung</u>

Für das Experiment benötigt man ein verschließbares Gefäß, einen Tee- und einen Esslöffel, etwa ein Viertel Stück Hefe, eine Teelöffelspitze Zucker und lauwarmes Wasser. Zunächst zerkrümelt man die Hefe und gibt sie dann in das Gefäß. Anschließend streut man den Zucker darüber und rührt das Gemisch mit einem kleinen Löffel um. Damit ein Brei entsteht kippt man schließlich vier Esslöffel lauwarmes Wasser darüber und rührt gut um. Nun wird das Gefäß verschlossen und ca. 15 min. an einem warmen Ort aufbewahrt. Öffnet man das Gefäß nach Ablauf der Zeit kann man erkennen, das die Masse aufgeschäumt ist und viele kleine Luftblasen entstanden sind.[32]

<u>Erklärung</u>

In dem verschlossenen Gefäß kam es zu einer alkoholischen Gärung, indem die Hefepilze den Zucker zu Kohlendioxid zersetzt haben. Durch das Kohlendioxid kommt es zur Schaumbildung und kleine Luftblasen entstehen. Der Prozess spielt sich bei beim Backen von Brot und Brötchen gleichermaßen ab. Während der Teig „geht" entstehen Gase, die sich im Teig verteilen und zur Auflockerung des Teiges führen.[33]

---

[32] Vgl. Ewers, H.: Vom Korn zum Brot, S.11, abgerufen am 07.03.2014.
[33] Vgl. Aufhammer, S.217.

<u>Weiterführende Unterrichtsinhalte</u>

Um die Wirkkraft der Hefe in Backwaren zu vertiefen, bietet es sich an, einen Hefezopf mit und ohne Hefe zu backen. Der Unterschied in der Konsistenz des Teiges wird deutlich erkennbar sein.

<u>Bewertung des Experiments</u>

Die spannende Ausgangsfrage weckt das Interesse der Kinder und motiviert sie, den Versuch durchzuführen. Ein weiterer Vorteil liegt darin, dass die Kinder den Versuch selber durchführen können. Positiv ist des Weiteren, dass die Kinder den Versuch direkt auf die Küchenpraxis übertragen können, da die Gärung durch Hefe zu den wichtigsten Phänomenen in der Backkunst zählt.

7.4 Getreide selbst anbauen

In den vorangegangenen Unterrichtsideen ging es in erster Linie um die Verarbeitung von Getreide und um das Kennenlernen von Prozessen bei der Nahrungsherstellung. Doch wie entsteht überhaupt das Korn im Getreide? Wie wird es gesät, geerntet und weiter verarbeitet? Um dieses Frage auf den Grund zu gehen, bietet es sich an, in Form eines kleinen Klassenackers, die Kinder selbst Getreide säen zu lassen. Nur so erleben die Kinder den vollständigen Wachstums- und Reifeprozess der Pflanzen und wieviel Pflege hierfür nötig ist.

<u>Durchführung</u>

Bevor das Getreide angebaut werden kann, bedarf es einige wichtige grundlegend Fragen zu klären: Welches Getreide bauen wir an? Wann ist hierfür der geeignete Zeitpunkt? Und wo bauen wir das Getreide überhaupt an?

Der Zeitpunkt des Anbaus hängt mit der Wahl des Getreides zusammen. Wie bereits in Kapitel 1.1 erwähnt, unterscheidet man zwischen Winter- und Sommergetreide. Ein Großteil der Getreidearten wird in den Wintermonaten gesät, Mais und Hafer hingegen in den Sommermonaten. Entscheidet man sich dafür, sowohl Winter- als auch Sommergetreide anzubauen, eignet sich am besten das Frühjahr (März/April); ein gleichzeitiges Reifen aller Getreidearten kann man jedoch nicht erreichen. Die optimale Wahl des Anbauortes hängt natürlich mit den örtlichen Gegebenheiten in der Schule zusammen. Um einer realen Anbausituation nahe zu kommen, empfiehlt es sich, das Getreide im an einer sonnigen, geschützten Stelle im Schulgarten anzubauen. Für den Anbau genügt bereits 1-2m ^{2}. Alternativ kann das Getreide auch in großen Blumentöpfen angebaut werden, die dann im Freien platziert werden. Für den eigentlichen Anbau empfiehlt es sich, die Kinder in Gruppen einzuteilen, sodass jede Gruppe eine Getreidesorten betreut und sich um deren Aufzucht kümmern kann.

1. Schritt: Vorbereitung des Bodens

In der ersten Phase des Anbaus wird zunächst der Boden mit Hacken vorbereitet, indem man ihn von Unkraut befreit und lockert. Anschließend kann es sich empfehlen, den Boden mit Kompost oder organischem Dünger mit Nährstoffen anzureichern.

2. Schritt: Das Säen des Getreides

Das Saatgut wird mit der Hand großflächig verteilt, wobei die Menge bei etwa 10g pro Quadratmeter liegen sollte. Mais hingegen wird in Reihen in den Boden gelegt. Anschließend wird die Saat, zum Schutz vor Tieren, leicht in den Boden gedrückt.

3. Die Pflege des jungen Getreides

Für die Pflege ist es vor allem notwendig, das Beet von Unkraut frei zu halten und gegeben falls zu gießen. Erneutes Düngen ist in den meisten Fällen überflüssig, kann jedoch bei schwachen Pflanzenwuchs gegen Mai erneut ausgeführt werden.

4. Ernte des Getreides

Der optimale Zeitpunkt für die Ernte ist erreicht, wenn das Getreide eine gelbliche Farbe angenommen hat, trocken ist und nicht weiter wächst. Mit einer Grasschere können nun die Halme, etwa 10cm oberhalb des Bodens, abgetrennt werden. Anschließend werden sie gebündelt und an geeigneten Ort zum Trocknen aufbewahrt.

5. Verwendung des Getreides

Zum einen kann das Getreide bei genügend Ertrag zum Brot backen oder der Weiteverarbeitung von Haferflocken genutzt werden. Dafür müssen die Ähren mit einem Nudelholz herausgelöst werden und anschließend gemahlen oder zerstoßen werden. Eine dekorative Möglichkeit wäre das Binden von Ährensträußen oder Erntekronen.[34]

---

[34] Vgl. Neumann: S.16ff.

<u>Didaktische Ziele und zu vermittelnde Kompetenzen</u>

Beim Anbau von Getreide können die Kinder in einem handlungsorientierten Rahmen erfahren, welche Arbeitsschritte notwendig sind und wieviel Mühe dahinter steckt die Getreidepflanzen zu kultivieren. Es zeigt ihnen, wie langwierig der Weg bis zum Verzehr geeigneten Endprodukt ist, wobei die Kinder lernen, den Wert der Lebensmittel zu schätzen; gleichzeitig wird deren Bewusstsein für den Umgang mit Nahrung gestärkt. Neben den fachlichen Kompetenzen werden zudem die motorischen Fähigkeiten der Kinder geschult, indem sie den Umgang mit Hacken, Grasschere und anderen Gartengeräten üben. Die Aufzucht einer Pflanze verlangt zudem Verantwortung und Sorgfalt, eine Kompetenz die auch auf andere Bereiche übertragen werden kann. Zuletzt wird die soziale Komponente geschult, indem die Kinder in der Gruppe zusammen arbeiten und für die Verteilung der Aufgaben verantwortlich sind.

8. Bauernhof, Mühle und Bäckerei – eine Vielzahl an außerschulischen Lernorten

Eine besondere Form des Praxisbezugs bilden außerschulische Lernorte. Durch sie entsteht die Möglichkeit Sachverhalte direkt am Objekt zu erleben und kennenzulernen. Gerade beim Unterrichtsthema „Vom Korn zum Brot" bietet es sich an, verschiedene Lernorte zu besuchen, wie z.B. einen Bauernhof mit Getreideanbau oder eine Bäckerei. Bei der Auswahl der Lernorte werden die Lehrkräfte durch verschiedene Institutionen und Bildungspartner unterstützt. Zum einen können die örtlichen Landratsämter und Ernährungszentren entsprechende Einrichtungen und Angebote vermitteln. Bei der Suche nach Bauernhöfen als außerschulische Lernorte ist in erster Linie das Internetportal „Lernort Bauernhof in Baden-Württemberg" ein geeignetes Hilfsmittel. Mit Unterstützung dieser Angebote habe auch ich mich auf die Suche nach geeigneten außerschulischen Lernorten im Umkreis von Ludwigsburg gemacht.

8.1 Lernort Bauernhof

Hinter dem Internetportal www.lob-bw.de verbirgt sich ein landesweites Projekt, das durch den Bund der Landjugend Württemberg-Hohenzollern 2008 ins Leben gerufen wurde. Seit 2012 ist die Internetseite schließlich online, mit dem Ziel, landwirtschaftliche Betriebe und

Schulen miteinander zu vernetzen. Die Suche nach teilnehmenden Bauernhöfen in der Umgebung geschieht über eine Landkarte des Bundeslandes Baden-Württembergs, in der man die verschiedenen Landkreise anklicken kann. Anschließend wird man auf eine Übersicht aller landwirtschaftlichen Betriebe im gesuchten Umkreis weitergeleitet. Zusätzlich zu den Betrieben helfen nützliche Angaben, wie eine Betriebsinfo, Projektmöglichkeiten und Klassenstufen, bei der Koordination. Für die Kontaktaufnahme stehen Adresse, Telefonnummer oder Email-Adresse zur Verfügung. Bei der Suche auf dem Internetportal bin ich auf den Meienackerhof Seidel im Landkreis Heilbronn, genauer Bad Friedrichshall, und den Bauernhof der Familie Kori in Oberstenfeld, Landkreis Ludwigsburg, gestoßen. Familie Seidel betreibt nebenerwerblich Ackerbau, sowie einen Hofladen und hat ein umfangreiches Programm, passend zum Thema „Getreide und Brot" ausgearbeitet. Familie Kori betreibt haupterwerblich neben dem Ackerbau Hühnerhaltung und Weinanbau. Sie bietet eine themenübergreifende Programmwoche an.

8.1.2 Meienackerhof Familie Seidel

Bei einem Projekttag auf dem Meienackerhof bekommen die Kinder zunächst einen Überblick über die in Deutschland gängigsten Getreidesorten, wie Roggen, Weizen, Gerste und Hafer. Anschließend wird auf die Unterschiede und Merkmale der einzelnen Getreidesorten eingegangen, wie z.B. die Farbe, Ährenform, die Halmlänge und die Verwendung der Bestandteile (z.B. die Halme für Einstreu der Tiere, die Endprodukte der Getreidesorten). Anschließend können die Kinder selber die Körner mahlen und so sehen, wie Mehl entsteht und wieviel Körner dafür benötigt werden. Besonders wichtig ist Frau Seidel, dass in allen Punkten die Kinder die Möglichkeit haben, dass Getreide mit allen Sinnen zu erleben. Die Kinder haben die Gelegenheit das Getreide anzufassen, es zu riechen und zu schmecken.[35]

8.1.2 Bauernhof Familie Kori

Die Projekttage von Familie Kori können von allen Klassenstufen besucht werden und bieten einen umfangreichen Einblick in das Leben und die Arbeit auf einem Bauernhof, auch über den Ackerbau hinaus. Konzipiert ist das Programm als komplette Projektwoche, wobei die unterschiedlichen Themen auf die einzelnen Tage verteilt sind. Zunächst können die Kinder den kompletten Bauernhof erforschen und entdecken, was sich hinter den einzelnen Türen

---

[35] Information erhalten durch Kontaktaufnahme mit Frau Seidel.

verbirgt. Anschließend geht es gemeinsam auf die Felder um zu erkunden, was in der entsprechenden Jahreszeit auf den Feldern und den Wiesen wächst. Auch der entsprechende Fuhrpark wird genauer erkundet. Sogar die Tiere auf dem Bauernhof dürfen kennengelernt werden. Im Mittelpunkt stehen hierbei die Hühner, über die Wissenswertes erfahren werden kann. Das Thema Getreide und Brot wird ebenfalls angesprochen. Hierzu werden die verschiedenen Getreidesorten näher angeschaut. Abschließend werden die Maschinen und Geräte des Bauernhofs näher begutachtet. Neben den themenbezogenen Erlebnispunkten haben die Kinder die Möglichkeit kreative Aktivitäten zu tätigen und Gruppenspiele zu spielen. Dabei achtet Frau Kori darauf, dass die Themen und Aktivitäten altersgerecht vermittelt werden.[36]

8.2 Museen und Ausstellungen

Auch Museen und Ausstellungen können den Kindern über den Unterricht hinaus anschauliche und spannende Einblicke, sowie kulturelle Bildung liefern. Damit der Besuch nicht langweilig und eintönig wird, ist es wichtig, dass die entsprechenden Veranstalter spezielle Führung anbieten, die für Kinder konzipiert wurden. Zum Thema „Brot und Getreide" bietet das Museum der Brotkultur in Ulm ein vielfältiges und ansprechendes Programm, ebenso wie die aktuelle Brot-Lehrschau im Ernährungszentrum Mittlerer Neckar.

8.2.1   Museum der Brotkultur Ulm

Das Museum der Brotkultur wurde im Jahr 1955 gegründet und hat es sich zur Aufgabe gemacht, Brot in seinem historischen, kulturellen, handwerklichen und sozialen Zusammenhang zu zeigen. Dazu gehört unter anderem, die Bedeutung von Getreide und Brot bewusst zu machen, auf den weltweiten Nahrungsmangel hinzuweisen und das Ansehen der Berufsstände rum um Brot und Getreide in der Öffentlichkeit zu verankern. Für Schulklassen bietet das Museum eine Vielzahl an verschiedenen Themenangeboten, ausgerichtet an den verschiedenen Altersstufen der Kinder. Für Grundschulkinder eignet sich z.B. die Führung „Vom Korn zum Brot", in der die Kinder eine altersgerechte Führung durch die Ausstellung erhalten und selbst einige Techniken ausprobieren können und spannende Geschichten zu hören bekommen. Dabei wird unter anderem auf die Entstehung des Brotes, die verschiedenen Getreidearten und den historischen Getreideanbau eingegangen. Noch mehr

---

[36] Information erhalten durch Kontaktaufnahme mit Frau Kori.

Handlungsorientierung bietet eine Experimente-Tour durch das Museum, in der Naturphänomene rund ums Brot und seine Herstellung in einfachen Versuchen erforscht werden können. Auch die Frühstücksthematik wird in einer weiteren Führung aufgegriffen. Bei dem Angebot „Unterwegs mit dem Frühstücksbus" erfahren die Kinder spannendes über die Frühstücksgewohnheiten in anderen Ländern und vergangenen Kulturen. Auch die Thematik der Hungernöte wird miteinbezogen. Ziel ist es hierbei, spielerisch und aktiv die Bedeutung von Brot und Ernährung allgemein zu vermitteln. Neben den vorgestellten Führungen bietet das Museum noch eine weitere Anzahl an interessanten, zum Teil fächerübergreifenden, Themengebieten.[37]

8.2.2 Brot-Lehrschau Ludwigsburg

Die Brot-Lehrschau ist ein aktuelles Projekt des Ernährungszentrums Mittlerer Neckar und findet im Zeitraum zwischen dem 16. September und dem 31. Juli 2014 statt. Die Lehrschau ist für alle Altersklassen geeignet, die Vermittlung wird jeweils entsprechend angepasst. Fächerübergreifend thematisiert werden in der Ausstellung anhand von Objekten und Schautafeln unter anderem die Bedeutung von Brot für unsere Ernährung, theoretische Aspekte rund um Getreide, die Herstellung von Brot und anderen Getreideprodukten, sowie Themen rund um Konsum und Verbrauch. Unterstützend zur Ausstellung liefert das Ernährungszentrum ein begleitendes Arbeitsheft um das Verständnis zu sichern. Weiterhin besteht das Angebot, das Gelernte direkt in der Praxis umzusetzen, indem einfache Speisen und Getränke vor Ort zubereitet werden können.[38] Der Flyer der Lehrschau befindet sich im Anhang (siehe Abb. IV).

8.3 Mühlen und Bäckereien

Eine wichtige Komponente im Rahmen der Getreideverarbeitung und Nahrungsherstellung bilden Mühlen und Bäckereien. Eine Liste von Mühlen, die Führungen für Kinder anbieten, erhält man durch das entsprechende Landratsamt. Momentan bieten 20 Mühlen im Umkreis von Ludwigsburg das Angebot an, Schulklassen Einblick in die Produktionsabläufe einer Mühle zu geben. Eine Liste der teilnehmenden Mühlen befindet sich im Anhang (siehe Abb. V). Bäckereien sind momentan leider keine verzeichnet.

---

[37] Vgl. Museum der Brotkultur: Führungen – Themengebiete für Schulklassen, 2014, abgerufen am 11.03.2014.
[38] Vgl. Landratsamt Ludwigsburg: Angebote für Lehrkräfte und Schulklassen. Informationen zur Brotlehrschau, 2013, abgerufen am 11.03.2014.

Zusammenfassung

Die vorliegende Arbeit verfolgte das Ziel, theoretische Aspekte zum Thema Getreide mit den Ernährungsgewohnheiten von Kindern und den tatsächlichen Ernährungsempfehlungen zu verknüpfen, um daraus Perspektiven und Möglichkeiten für die Umsetzung im Unterricht aufzuzeigen.

Zu Beginn wurde hierfür das Getreidekorn mit seiner Vielfalt an lebenswichtigen Nährstoffen vorgestellt. Nährstoffe, die Kinder und Jugendliche als Energielieferanten benötigen um sowohl körperliche, als auch kognitive Leistungen zu erbringen. Anhand der Leistungskurve konnte veranschaulicht werden, welche Notwendigkeit einer ausgewogenen und regelmäßigen Ernährung im Tagesablauf eines Kindes zukommt. Die Erkenntnisse stehen jedoch im Gegensatz zu dem tatsächlichen Verzehrverhalten der Kinder. Ein Großteil der Kinder erreicht nicht die empfohlene Menge an hochwertigen Getreideprodukten. Im Gegenteil sind besonders zuckerhaltige Frühstückscerealien eine beliebte Mahlzeit zum Frühstück, nicht unverschuldet ist dabei die entsprechende zielgerichtete Werbung. Dabei zeigte die Erfahrung, dass hochwertige Vollkornprodukte nicht weniger gern gegessen werden, wenn eine ansprechende Darbietung der Nahrung erfolgt.

Die gewonnen Erkenntnisse unterstreichen die Notwendigkeit, den Kindern und Jugendlichen eine umfangreiche Wissensgrundlage bezüglich einem bewussten und gesunden Ernährungsverhalten zu vermitteln. Dieser Zielsetzung hat sich auch die Schule verschrieben, gefestigt durch die Verankerung der Ernährungserziehung im Bildungsplan. Die Thematik „Getreide und Brot" bildet hierbei ein wichtiges Sachgebiet, mit einer Vielzahl an Umsetzungsmöglichkeiten und Schwerpunkten. Im Vordergrund der Vermittlung steht jedoch immer ein aktives, entdeckendes Lernen; einige entsprechende Ideen für den Unterricht wurden vorhergehend genannt. Die Palette an Realisierungsmöglichkeiten des Themas ist dabei jedoch noch lange nicht ausgeschöpft.

Ein Teil der Arbeit bestand zudem darin, mein eigenes Ernährungsverhalten zu reflektieren. Auch ich habe noch Verbesserungsbedarf bezüglich der Wahl geeigneter Getreideprodukte. Ein Schritt in die richtige Richtung könnte dadurch geschehen, zunehmend Wert auf die Darbietung und Aufbereitung meiner Mahlzeiten zu legen, denn dieser „Trick" führt schließlich häufig auch bei Kindern zu dem gewünschten Erfolg.

Literaturverzeichnis

- Alexy, Ute; Kersting, Mathilde: Was Kinder essen - und was sie essen sollten. München: Hans Marseille Verlag, 1999.

- Alexy, Ute; Kerstin, Mathilde: Die DONALD-Studie: Forschung zur Verbesserung der Kinderernährung, in: Ernährungsumschau 1,2008, S.16-19. Online im Internet: http://www.ernaehrungs-umschau.de/media/pdf/pdf_2008/01_08/EU01_016_019.qxd.pdf. Stand: 04.03.2014.

- Aufhammer, Walter: Rohstoff Getreide. 1. Aufl.. Stuttgart: Ulmer, 2003.

- Ewers, Heidi: Vom Korn zum Brot. Düsseldorf. Online im Internet: http://www.grundschulmediothek.de/app/download/6249627180/Vom_Korn_zum_Brot.pdf?t=134321 1286. Stand: 11.03. 2014.

- Gebauer, Michael: Das Korn von dem die Menschheit lebt. In: Grundschule Sachunterricht 49, 2011, S.4-7.

- Herzing, Miriam: Lernen geht durch den Magen: Wie Ernährung die geistige Leistungsfähigkeit unserer Kinder beeinflusst. 1. Aufl.. Marburg: Tectum Verlag, 2011.

- Jenny, Matthias; Steinecke, Hilke; Bayer, Clemens: Korn - Brot, Getreide, Gräser. Begleitheft zur gleichnamigen Ausstellung im Palmengarten der Stadt Frankfurt am Main.: Palmengarten der Stadt Frankfurt am Main, 2002.

- Kersting, Mathilde: Kinderernährung in Deutschland: Ergebnisse der DONALD-Studie. In: Bundesgesundheitsblatt – Gesundheitsforschung – Gesundheitsschutz 47, 2004, S.213-218. Online im Internet: http://www.kinderumweltgesundheit.de/index2/pdf/themen/Ernaehrung/BGBL_47_kinderernaehrung.pdf.Stand: 07.03. 2014.

- Laimighofer, Astrid: Schlaue Kinder essen richtig! Fit für die Schule: clevere Ernährung für gute Noten. 1. Aufl.. Stuttgart: Georg Thieme Verlag, 2010.

- Ministerium für Ländlichen Raum und Verbraucherschutz Baden-Württemberg (Hgg.); Rupprecht, Karin; Zettl, Ulrike: Die Küche als Lernort für naturwissenschaftliche Erfahrungen. Ein Handbuch für das Klassenzimmer. Stuttgart: Ministerium für Ländlichen Raum und Verbraucherschutz Baden-Württemberg, 2013.

- Ministerium für Ländlichen Raum und Verbraucherschutz Baden-Württemberg (Hgg.): Ernährungszentrum Mittlerer Neckar. Angebote für Lehrkräfte und Schulklasssen. Informationen zur Brotlehrschau. Stuttgart, 2013. Online im Internet: http://www.landwirtschaft-bw.info/pb/site/lel/get/documents/MLR.LEL/PB5Documents/lralb/Ern%C3%A4hrungszentrum/2013/Brot-Lehrschau_%202013%202014.pdf. Stand: 11.03.2014.

- Museum der Brotkultur: Führungen – Themengebiete für Schulklassen. Ulm, 2014. Online im Internet: http://museum-brotkultur.de/index.php?option=com_content&view= article&id=20&Itemid=15. Stand: 11.03.2014.

- Neumann, Brigitte: Getreide in der Ernährung. In: Grundschule Sachunterricht 49, 2011, S.9-15.

- Plitzko, Ursula ;Tenberge-Weber, Ursul; Berzins, Ilse Mara; et al.: Bärenstarke Kinderkost: einfach, schnell und lecker. 7. aktualisierte Aufl.. Düsseldorf: Verbraucherzentrale NRW, 2002.

- Spot: So geht's – Radieschen, Apfel, Knusperkeks – Ernährungserziehung im Kindergarten. Sonderheft von: Kindergarten heute - Fachzeitschrift für Erziehung, Bildung und Betreuung von Kindern. 4. Aufl.. Breisgau: Herder, 2005.

- Vollmer, Günter; Josst, Gunter; Schenker, Dieter; et al.: Lebensmittelführer 1: Obst, Gemüse, Getreide, Brot, Gebäck, Knabberartikel, Honig, Süsswaren: Inhalte, Zusätze, Rückstände. 2. neubearb. Aufl.. Stuttgart: Thieme, 1995.

- Weusmann, Birgit: Getreide selbst anbauen. In: Grundschule Sachunterricht 49, 2011, S.16-19.

Bilderverzeichnis

Abb. 1: Korn im Längsschnitt

- Gebauer, Michael: Das Korn von dem die Menschheit lebt. In: Grundschule Sachunterricht 49, 2011, S.5

Abb.2: Verzehr von Brot und Getreideflocken bei 4-18 Jährigen Probanden der DONALD-Studie

- Kersting, Mathilde: Kinderernährung in Deutschland: Ergebnisse der DONALD-Studie. In: Bundesgesundheitsblatt – Gesundheitsforschung – Gesundheitsschutz 47, 2004, S.215. Online im Internet: http://www.kinderumweltgesundheit. de/index2/pdf/themen/Ernaehrung/BGBL_47_kinderernaehrung.pdf. Stand: 07.03. 2014.

Abb. 3: Tägliche Lebensmittelmengen für Kindergarten- und Schulkinder

- Ministerium für ländlichen Raum und Verbraucherschutz Baden-Württemberg (Hgg): Kindgerechtes Essen. Stuttgart, 2011. Online im Internet: http://www.mlr.baden-wuerttemberg.de/mlr/allgemein/Bro_Ernaehrungsinfo_2.pdf. Stand: 11.03.2014.

Abb. 4: Leistungskurve

- Laimighofer, Astrid: Schlaue Kinder essen richtig! Fit für die Schule: clevere Ernährung für gute Noten. 1. Aufl.. Stuttgart: Georg Thieme Verlag, 2010, S.74.

Anhang

Abb. I: Arbeitsblatt „Haferflocken selber herstellen"

    Abbildung aus urheberrechtlichen Gründen entfernt. Zu finden in:

    Neumann, B.: Getreide in der Ernährung. In: Grundschule Sachunterricht 49, 2011, S.15.

Abb. II: Rezept Brötchenteig

    Abbildung aus urheberrechtlichen Gründen entfernt. Zu finden in:

    Vgl. Plitzko, U.; Tenberge-Weber, U.; Walter, A.: Bärenstarke Kinderkost, 2002, S.135.

Abb. III: Rezept: Vollkornwaffeln

    Abbildung aus urheberrechtlichen Gründen entfernt. Zu finden in:

    Plitzko, U.; Tenberge-Weber, U.; Walter, A.: Bärenstarke Kinderkost, 2002, S.131.

Abb. IV: Fleyer „Brot-Lehrschau"[42]

Ernährungszentrum mittlerer neckar

Brot - Lehrschau
10. September 2013 bis 31. Juli 2014

„Vom Korn zum Brot"

Neugierig?... So finden Sie uns:

Mit öffentlichen Verkehrsmitteln:
Ab Bahnhof: Buslinie **422 Schlößlesfeld**,
Haltestelle Harteneckstraße
oder Linie **425** und **433 Oßweil** sowie
213 und **431 Waiblingen**, Haltestelle
Neckarstraße, von dort ca. 3 Minuten
Fußweg

Ernährungszentrum mittlerer neckar   LANDRATSAMT LUDWIGSBURG

Brot-Lehrschau

Sehr geehrte Lehrerinnen und Lehrer,

vom **16. September 2013 bis 31. Juli 2014** ist im Ernährungszentrum Mittlerer Neckar die Lehrschau „Vom Korn zum Brot" zu sehen.

Anhand von Ausstellungsobjekten und leicht verständlichen Schautafeln behandelt die Lehrschau das Thema „Brot" **fächerübergreifend** und informiert in Lernstationen über:

- Bedeutung von Brot in der Ernährung
- Aufbau und Inhalt eines Getreidekorns
- Heimische Brotgetreide
- Getreideanbau
- Mehltypen
- Brotherstellung
- Einkaufskriterien für Brot
- Sachgerechte Lagerung von Brot im Haushalt
- Verwertung von Brotresten im Haushalt
- Kennzeichnung von verpacktem Brot

Die Lehrschau ist für Schülerinnen und Schüler **aller Schulklassenstufen** konzipiert. Die didaktische Vermittlung und die Schwerpunkte der Ausstellung sind den jeweiligen Klassenstufen angepasst. Ein **Arbeitsheft** unterstützt das Verstehen und Begreifen.

Neben der Führung durch die Lehrschau bieten wir die Umsetzung des Erlernten in einem **praktischen Unterricht** durch die Zubereitung einfacher Speisen und Getränke an. Somit fördern Lehrschau und Küchenpraxis an einem Besuchstermin die Handlungskompetenz der Schülerinnen und Schüler und entsprechen den **Kriterien des aktuellen Bildungsplanes**. Hierfür ist von jedem Teilnehmer ein Geschirrtuch und eine Schürze mitzubringen.

Bitte setzen Sie sich wegen einer **Terminvereinbarung** zu den Öffnungszeiten des Ernährungszentrums unter der Telefonnummer **07141 144-4912** möglichst frühzeitig mit uns in Verbindung. Die Führung durch die Lehrschau ist kostenlos. Für Lebensmittel und Materialien erheben wir einen Beitrag von 1,50 € je Schüler.

Das gesamte Angebot des Ernährungszentrums für Schulklassen entnehmen Sie bitte beigefügtem Informationsmaterial. Weitere Veranstaltungen und Angebote finden Sie im Internet unter http://www.ernaehrung-bw.info. Wir laden Sie hiermit herzlich dazu ein.

Mit freundlichen Grüßen
gez. Beate Ramminger-Guderlei

Landratsamt Ludwigsburg
Fachbereich Landwirtschaft
Ernährungszentrum Mittlerer Neckar
Auf dem Wasen 9
71640 Ludwigsburg

Ihre Ansprechpartnerinnen:
Birgit Grohmann, Ingrid Vogt, Bärbel Nisi
Telefon: 07141 144-4912
Fax: 07141 144-9927
E-Mail: landwirtschaft@landkreis-ludwigsburg.de
www.ernaehrung-bw.info

Öffnungszeiten:
Mo   14.00 – 17.00 Uhr
Di   09.00 – 13.00 Uhr
Do   09.00 – 12.00 Uhr
            14.00 – 16.00 Uhr
und nach Vereinbarung

---

[42] Vgl. Landratsamt Ludwigsburg: Angebote für Lehrkräfte und Schulklassen. Informationen zur Brotlehrschau, 2013, abgerufen am 11.03.2014.

Abb. V: Kontaktdaten Mühlen[43]

Ort	Name der Mühle	Adresse	Kontakt	Sonstiges
Alfdorf	Voggenbergmühle	Gerhard Meyer Voggenbergmühle 3 73553 Alfdorf	Tel.: 07176 6554 E-Mail: info@voggenmuehle.de	X
Bad Ditzenbach	Obere Mühle	Ruth Erhardt-Zonka Unterdorfstr. 14 73342 Bad Ditzenbach	Tel.: 07335 6579 E-Mail: oberemuehlegosbach@t-online.de Homepage: www.muehle-gosbach.de	X
Bietigheim-Bissingen	Jürgen Hübner Mühle	Jürgen Hübner Metterzimmerer Straße 39 74321 Bietigheim-Bissingen	Tel.: 07142 44472	X
Ditzingen	Zechlesmühle	Siegle GmbH Zechlesmühle 1 71254 Ditzingen	Tel.: 07156 958312	X
Ditzingen	Tonmühle	Tonmühle GmbH Tonmühle 3 71254 Ditzingen	Tel.: 07156 1780930	X
Erligheim	Harald Stengel Mühle	Harald Stengel Mühlstraße 46/1 - 48 74391 Erligheim	Tel.: 07143 881515	X
Filderstadt	Klinkermühle	Heinrich und Rebecca Lethen Klinkermühle 1 70794 Filderstadt	Tel.: 0711 755899 E-Mail: info@klinkermuehle.de Homepage: www.klinkermuehle.de	Kontaktformular auf Homepage zu finden
Frickenhausen	Eberhard Hummel	Eberhard Hummel	Tel.: 07025 2719	X
	Mühle	Mühlstraße 6 72636 Frickenhausen	E-Mail: eberhard.hummel@sclinsenhofen.de	
Geislingen/Steige	Schimmelmühle	Eugen Straub Kunstmühle GmbH & Co. KG Schimmelmühle 1 73301 Geislingen/Steige	Tel.: 07331 7232 E-Mail: info@straub-muehle.de	X
Hochdorf	Zinßermühle	Jürge Zinßer Roßwälder Str. 4 73269 Hochdorf	Tel.: 07153 51190 Homepage: zinssermuehle.de	X
Leinfelden-Echterdingen	Eselsmühle	Rudolf Gmelin GmbH & Co. KG Eselsmühle 1 70771 Leinfelden-Echterdingen	Tel.: 0711 7542535 Homepage: www.eselsmuehle.com	Besichtigungstermin über Homepage buchbar
Oberstenfeld	Stiftsmühle	Stiftsmühle Oberstenfeld GmbH Mühlgasse 10 71720 Oberstenfeld	Tel.: 07062 3238	X
Owen	C. Ensinger GmbH & Co. KG	C. Ensinger GmbH & Co. KG Schießhüttestraße	Tel.: 07021 55365 E-Mail: info@c-ensinger.de	X
Renningen	Sesslermuehle	Sessler GmbH Mühlstr. 25 71272	Tel.: 07159 7061 Homepage: www.sesslermuehle.de	X
Schwieberdingen	Willy Nonnenmacher Mühle	Willy Nonnenmacher Nippenburgerstraße 12 71701 Schwieberdingen	Tel.: 07150 31232	X
Sersheim	Wolfgang Fessler Mühle	Wolfgang Fessler Untere Mühle 2-4 74372 Sersheim	Tel.: 07042 33914	X
Vaihingen Enz	Enzweihinger Mühle	Enzweihinger Mühle Häußermann GmbH Am Strudelbach 8 71665 Vaihingen Enz	Tel.: 07042 4884	X
Vaihingen Enz	Manfred Auch Mühle	Manfred Auch Enzstraße 24 71665 Vaihingen Enz		X
Waiblingen	Hegnacher Mühle	Ulrich Stietz Hegnacher Mühle 1 71334 Waiblingen	Tel.: 07151 53580 Homepage: www.hegnachermuehle.de	Mühlenführung buchbar auf Homepage (Eintrittsgeld fällig, 2,50€ Kind, 5€ Erwachsener, Mindestgruppengröße: 10 Personen)
Weissach	Rolf Bentel Mühle	Rolf Bentel Mühlweg 10 71287 Weissach	Tel.: 07044 33075 E-Mail: bentelmuehle@web.de	Terminvereinbarung bitte per Anruf

---

[43] Erhalten von: Landratsamt Ludwigsburg